跳舞鞋

格林童話故事

李宗法　譯

U0132418

商務印書館

本書選自商務印書館「小學生文庫」《格蘭姆童話》1-4 冊，文字內容有刪節修訂。

跳舞鞋 —— 格林童話故事

譯　　者：李宗法

責任編輯：洪子平

出　　版：商務印書館 (香港) 有限公司

　　　　　香港筲箕灣耀興道 3 號東匯廣場 8 樓

　　　　　http://www.commercialpress.com.hk

發　　行：香港聯合書刊物流有限公司

　　　　　香港新界大埔汀麗路 36 號中華商務印刷大廈 3 字樓

印　　刷：美雅印刷製本有限公司

　　　　　九龍觀塘榮業街 6 號海濱工業大廈 4 樓 A

版　　次：2016 年 9 月第 1 版第 1 次印刷

目錄

妖林

誤入仙境

　　有一個忠厚的樵夫，在一天晚上工作結束之後，坐着和妻子閒聊。他說：「我希望孩子們不要走到河邊那個小樹林裏去，那裏平時非常幽暗。裏面有棵老橡樹已經枯死很久了，我總覺得有些妖精潛伏在那裏，沒有人知道他們是些甚麼人。」

　　那些妖精有沒有害很難說，但是他們給村民帶來的絕對不是惡運。因為人人都說村裏比以前更繁榮，田野更加蔥綠可愛，天愈加深藍，月亮和星星也比

以前更加明亮。所以，善良的村民們也任憑那些妖精住在河邊的樹林裏。事實上，很少有人談到或想到那些妖精。

這一天傍晚，樵夫的女兒露茜琳和她的朋友馬丁到河邊玩捉迷藏。她心裏想：「馬丁究竟躲在甚麼地方呢？他一定到小樹林裏去了，大概躲在那棵大橡樹的後邊吧！」於是她朝着那片小樹林走過去。這個時候，一隻小狗蹦出來，在她身邊跳着，叫着，搖着尾巴，彷彿在給她領路。於是露茜琳跟着小狗進入了樹林。她看見一片綠油油的草地，上面盛開着各種鮮花，美麗的蝴蝶到處飛舞，鳥兒歡快地叫着。最奇怪的是，還有一些很小的小孩子在草地上、樹底下、花叢中玩耍、跳舞。在樹林的中心

處，並不是露茜琳平時聽説的那間小茅屋，而是一座光彩奪目的宮殿。

面對這樣的仙境，露茜琳整個人都驚呆了。這時，有一個跳舞的小精靈來到她的身邊説道：「可愛的露茜琳，你終於來看我們了嗎？我們時常見你在大樹附近玩耍，一直很想跟你一起玩呢！」她説完，隨手摘了一個樹上的果子給露茜琳吃。露茜琳一嚐到果子的味道，馬上忘記了自己的家，只想跟着她的小朋友一起玩耍。於是她從河邊跳下去，加入了這個歡樂的舞蹈隊伍。

這羣小精靈帶着露茜琳一起跳舞，一起玩遊戲。他們一會兒在月光下的蓮花旁邊跳舞，一會兒又在小溪上垂下來的樹梢上跳來跳去。這些小精靈可以輕

精靈無處不在，他們一直默默地守護着人類，

人類也要守護這些美麗的精靈。

快地在空氣中自由來去，跟在地上一樣容易。他們到哪裏，露茜琳也跟着他們到哪裏，他們一直用手牽着她。有時候，他們會隨手撒一些種子到草地上，地上霎時就長出小樹來。他們跳到樹枝上，樹在他們腳下生長，他們也跟着升起來，然後他們就繼續在高枝上跳舞。無論在甚麼地方，微風總是吹拂着他們，他們也總是唱着快樂的歌曲。

有一次，他們帶露茜琳到王宮裏去拜見王后。王宮裏可以隨意享用豐富的食物，還放着柔美的音樂。四周有鮮花開放，那些鮮花的色彩經常變換，一會兒由紅色變成紫色，再變做黃色，又變做綠色，讓人目不暇給。王后又命人帶他們去看堆在倉庫裏琳琅滿目的寶物，

這些都是小精靈們平時從各處搜羅來的。

就是這樣一個仙境，從外面甚麼都看不到，而置身在仙境裏面，卻覺得美得不可思議。其實，小精靈們早就使用了障眼法，用一片霧遮住人們的眼睛，還讓一些小精靈伏在外邊的樹枝上守望着。因為他們知道，一旦這個仙境被人們發現，他們便要闖進來，毀掉這裏的一切。

一天，露茜琳問道：「你們到底是些甚麼人呢？」其中一個名叫哥西馬，已經跟露茜琳成為好朋友的精靈說道：「我們就是世界上的精靈，聽說你們人類也經常談到我們。我們中間雖然有些精靈喜歡作弄人類，但住在這裏的我們，只想生活得簡單快樂。我們很少和人類

打交道，如果我們去人類那裏，大多是做些對他們有益的事。」露茜琳説：「你們的王后在哪裏呢？」「噓！不要作聲！你不能看見她的！但是，當你看見田野更有生機，河水更活潑，太陽更光輝的時候，就知道她在這裏了。」

霎時：指極短的時間。

目不暇給：暇：空閒。給：供給。美好新奇的事物太多，眼睛來不及看。

琳琅滿目：滿眼都是珍貴的東西。形容美好的事物很多。

不可思議：無法想像，難以理解。

分別

後來哥西馬告訴露茜琳，她們分別的時候到了。她送給露茜琳一隻指環做為紀念品，並引她到樹林邊。哥西馬最後說：「請不要忘記我，也不要把你所看見的事情告訴別人。將來也不要再來找我們，如果你這樣做的話，我們便不得不離開這片樹林，再也不回來了！」

露茜琳一轉身，便甚麼都看不見，只見到那棵老橡樹和一片幽暗的樹林。她看看高掛在天空的太陽，心裏想道：「父母親應該很擔心我吧！他們一定奇怪我整整一夜究竟到甚麼地方去了，可惜我不能把所見的事情告訴他們啊！」

露茜琳趕忙跑回家去。說也奇怪，她昨天所見的樹葉還是綠的，現在已經

枯黃了，落得滿地都是。她家的那間茅屋，似乎也變了。她跑進屋裏，看到父親正坐在那裏，容貌比之前老了很多。她的母親坐在父親身邊，她幾乎認不出來。旁邊還有一個年輕力壯的少年，露茜琳問道：「父親啊，這是誰呢？」她的父親吃驚地說：「你是誰呀，怎麼叫我父親呢？你是⋯⋯啊！不，你是我們那個失蹤許久的露茜琳嗎？」

現在他們都認出她是露茜琳了，那個少年正是她的老朋友馬丁。他說：「怪不得你忘記我了，七年啦！你還記得七年前我們在村旁的小河邊玩捉迷藏嗎？我們都以為你失蹤了，想不到七年後你竟然自己跑回來。」露茜琳不敢多說甚麼，只在心裏暗暗奇怪着。何況從那個

如詩如畫的仙境回到家裏，露茜琳多少還有點適應不過來。

後來時間久了，露茜琳漸漸以為自己經歷的故事不過是做了一場夢。不久後，她便嫁給了馬丁。雖然有時她還對仙境的小精靈們念念不忘，但生活仍在繼續。露茜琳很快就有了第一個女兒，為了紀念那些小精靈朋友，她為女兒取名為小妖精。小妖精很可愛並且脾氣極好，人人都很喜歡她。露茜琳經常覺得她像極了那些小精靈，可是不知怎麼，人人都叫她做小仙子。

一天，露茜琳給小妖精穿衣服時，看見她的頸上有一條絲線掛着一個金牌，跟她以前在仙境看到的小精靈頸上的金牌是一樣的。露茜琳於是問小妖精

這是哪來的，小妖精隨口說這是她從花園裏拾回來的。露茜琳心裏有一些懷疑，便暗地裏窺探小妖精，發現她每天下午都要到屋後面去，坐在一個黑暗的地方。

窺探：暗中察看。

哥西馬與小妖精

於是，露茜琳躲起來看女兒在那裏幹甚麼，不一會兒便看見哥西馬來到女兒身邊。露茜琳詫異極了，只聽見哥西馬說：「親愛的小妖精，你母親小時候經常和我們一起玩，那時我和她也是常常這樣坐在一起的。啊！歡迎你到我們那裏去玩。你現在還是小孩子，我可以來看你，和你聊天；等將來你長大了，我們便要永遠分開了！」哥西馬一邊說着，一邊摘了一朵身邊的玫瑰花，對它輕輕地吹了一口氣，說道：「請收下這朵玫瑰花吧！它可以在一年的時間裏保持嬌艷美麗。」

此後，露茜琳更加疼愛小妖精了。小妖精每天都要去找哥西馬玩一會，露

茜琳就每天躲起來偷看她們。有一次，哥西馬背着小妖精在樹枝上跳來跳去，露茜琳擔心自己的女兒跌倒地上，忍不住叫出聲來。哥西馬聽到後似乎有些惱怒，立刻把小妖精輕輕地放在地上，然後飛走了。

露茜琳原以為哥西馬不會再來了，但是沒想到，哥西馬仍舊來找她的女兒玩耍。過了一段時間，馬丁開始覺察到小妖精的反常行為，並且懷疑那片樹林裏有些鬼鬼祟祟的東西，對他們的女兒不利。露茜琳當然不希望丈夫這樣想，便把自己以前遇到小精靈的事全都告訴他。為了證實自己的話，她決定帶馬丁去看哥西馬和小妖精一起玩耍的情景。但是，她剛想這樣做，哥西馬就已經感

知到了，她立刻變成一隻烏鴉，飛到樹林裏面去了。

露茜琳哭起來，小妖精也哭了，因為她知道自己從此以後，永遠看不見她那個好朋友了。但是，馬丁沒有放棄，他準備好好地探尋一下妻子口中的仙境和小精靈們。一天晚上，他走到樹林裏，沒有看見甚麼，只看見那棵老橡樹、那片幽暗的樹林和一間破茅屋。此時，雷聲隆隆，風嗚嗚地叫着，他周圍的一切彷彿都含着怒意。馬丁感到一種莫名的恐懼，只好回家去了。

第二天早晨，所有鄰居都聚在一起。大家都在奇怪昨晚為甚麼會有那麼可怕的聲響。他們一起去村邊察看，只見他們的樹似乎凋落了，田野也枯萎

了，河水也乾涸了，整個村莊在一夜之間失去了生機，變得死氣沉沉。

但是，關於以前那個樹林，村民們卻生出了許多神奇的故事：有人曾聽見空中有些飛翔的聲音，有人曾看見這片樹林裏有小仙人在跳舞……村民們各講各的故事，都在猜想將來會發生甚麼。但是，只有露茜琳和她的丈夫才知道這是怎麼回事。他們一邊歎息村民們的愚笨，一邊也在惋惜那些精靈鄰居們的離去。

在那些自說自話的村民當中，沒有一個比那個船夫所說的故事更荒唐的了。那個船夫是在樹林旁邊那條河裏往來擺渡的。他說，在半夜時候，他的船被人撐去了，幾百個小人物把寶物載在

船裏，又留下一大塊金子給他做擺渡錢。空中擠滿了小仙人，在周圍飛着，最後又來了一大隊侍從，似乎在保護着他們的首領到對面的草地去。他又聽到四周飄着仙樂的聲音，他們在上面唱歌，聲音無比美好。那些歌詞是這樣的：

仙后！

仙后！

凡人的腳步是在綠草的上頭；

去吧！快些走！

仙人們啊，保護你們的仙后！

在這裏哩！在這裏哩！仙后！

飛到天上，免得你的銀翼被人看透。

飛走！飛走！飛走！

仙人們，保護你們的仙后！

飛到天上，

飛走！飛走！飛走！

仙人們，保護你們的仙后！

仙后！

仙后！

凡人的蹤跡都不見了；

現在我們可以下來，

在長滿雛菊的草地上玩耍行走。

輕輕地！輕輕地！仙后！

在綠草的上面緩步行走！

仙人們快活，

輕輕地走，

圍住你們的仙后！

仙人們快活，

輕輕地走，

圍住你們的仙后！

可憐的小妖精，對於小精靈們的失蹤最是悲傷。她常常看着哥西馬給她的玫瑰花，一看就是幾個鐘頭，還不時唱起哥西馬教她的歌。那朵玫瑰花整整嬌豔了一年後，慢慢地開始褪色。後來，小妖精把玫瑰花的莖種在園裏。玫瑰花漸漸地長大，終於有一天，大到可以讓她坐在它的樹蔭下，思念她的朋友哥西馬。

詫異：感到驚奇或奇怪。

鬼鬼祟祟：形容行為偷偷摸摸，不光明正大。

擺渡：指搭來回渡的船渡過河流。

加魯加棲

失蹤的羊

　　在一片茂密的森林中，有一座隱密的高山。關於這座山，附近的居民有許許多多奇怪的故事：那些妖怪與人們怎樣在山上跳舞；紅鬚王怎樣在山中建立王朝，怎樣威風凜凜地坐在用大理石做的王座上，紅色的長鬚拖在地上……

　　在許多年前，山下有一個村落，村中住着一個牧羊童子，名叫加魯加棲。他每天早晨把羊趕到山邊上有草的地方去吃草。有時，到了傍晚，他覺得把羊趕回去的時間遲了，便把羊趕到樹林中

的一個地方關起來。那地方有一些倒塌了的舊城堡，還有幾處斷牆屹立着，盡可以用來做羊圈，讓羊羣在那裏過夜。

一天黃昏，加魯加棲把羊趕到這裏之後，發覺羊羣裏最可愛的一隻羊不見了。他到處尋覓，卻毫無蹤影。但是，第二天早上，他數羊的時候，一眼便發現了那隻昨晚丟失的羊，他開心極了。然而，同樣的事一再地發生，那隻羊總是晚間失蹤，早晨回來。

終於，加魯加棲覺得自己應該更加嚴密地看守這羣羊了。一天晚上，那隻羊再次失蹤。他把所有牆壁仔細地查看一遍，竟然發現了一個難以覺察的小門。他心想那隻失蹤的羊一定走進這個小門去了。加魯加棲走進門去，只見一

條通道從巖石中一直延伸下去。他跟着那條小路走，可是通道越來越窄，他只好彎着腰前進。走了很遠之後，他來到一個比較開闊的洞口，但洞裏面很暗，他看不見那隻失蹤的羊。這時，他發現自己那隻忠誠的狗沒有跟在身邊，便吹起口哨喚牠過來。但遲遲不見狗跑過來後，他便大着膽子進到洞裏了。

加魯加棲在洞裏摸索了好一會，眼睛才慢慢適應了黑暗。後來，他突然看到一道微光，彷彿在照着他前進的路。他又往前走了不遠，看見他的羊正在洞裏，全神貫注地啃着地上的穀。這些穀是從牠頭頂上面一處地方落下來的，他聽着那些穀落下來的聲音，彷彿像冰雹一樣。他想尋找那些穀的來源，但是，

他的頭頂上面一片漆黑，沒有任何線索可以供他搜尋。

威風凜凜：形容聲勢或氣派很大，使人敬畏。

神秘之夜

　　加魯加棲非常好奇，他站着靜聽，似乎聽見馬蹄踏地的聲音。他屏住呼吸仔細再聽，果然是馬蹄奔跑的聲音。他心裏想：一定是馬在上面吃草料，那些穀就是從飼槽裏落下來的。那些馬怎樣養在這個絕無人跡，只有羊能走到的巖石裏呢？一定還有一羣人住在這裏吧！但他們又是甚麼人呢？到他們住的地方去會有危險嗎？加魯加棲躊躇了一會，但是他的好奇心越來越強烈了。忽然間，他聽到有人叫着他的名字「加魯加棲！」，他轉身一看，卻看不到甚麼東西。那個聲音又在叫着：「加魯加棲！」接着，洞裏的一個黑暗角落忽然鑽出一個小老頭，他的頭上戴着又高又尖的帽

子，身上穿了一件紅袍。

這小老頭向他點點頭，示意加魯加棲跟着他走。加魯加棲心中膽怯，他想先知道這個小老頭是誰，然後才跟他走。但是小老頭搖了搖頭，一言不發，只是往前走着。加魯加棲沒辦法，只好硬着頭皮跟着他在斷壁殘垣裏繞來繞去。不一會兒，他聽到頭上有轟隆隆的聲音，就好像雷電落在石頭上的聲音，越往前走，聲音越大。

後來他們來到一個大院子裏，院子周圍被長滿長春藤的圍牆圍着。這個場所好像是一個山谷的中心：上面有極高的石頭，大樹的樹枝在頭上伸出來，所以只有一點兒微光從上面透出來照着他們腳下。這時候，加魯加棲看見在那冷

清而且修剪得很平滑的草地上，有十二個樣子古怪卻又神情肅穆的老人，正沉默地在那裏玩着打彈子的遊戲。

他們的衣服，在加魯加棲看來，倒不覺得十分稀奇。因為村裏的禮拜堂裏，有一個石碑，碑上刻着他們祖先的畫像，他們身上所穿的衣服，和這些老人是完全相同的。老人們全程沒有一句話，只是嚴肅地輪流玩着那個遊戲。但是，最年長的那個老人，用手勢示意加魯加棲把打倒了的木樁再豎起來。剛開始見到這個情形，加魯加棲嚇得腿都發軟了，看都不敢多看一眼那些穿着古裝、蓄着長鬚的老人們。不一會兒，他沒有那麼怕了，就開始觀察他們。只見每個老人玩完遊戲便走回自己的座位，

狂飲一口酒瓶裏的東西，喝完了，那小老頭便替他們添滿。這樣，空氣裏散發着一種舊酒的香氣。

加魯加棲的膽子漸漸大起來了，他鼓起勇氣示意那位小老頭也給他嚐嚐酒瓶裏的東西。小老頭走過來恭敬地向他躬了個躬，把酒瓶遞給他。加魯加棲接過來喝了幾口，覺得非常好喝，是他平生從來也不曾嚐過的。説也奇怪，喝了這酒，他渾身充滿了力量，好像新生了一樣。等到他感覺疲累的時候，他便又轉身向小老頭討酒喝。

不知道過了多久，加魯加棲睡着了。是他先睡着，還是那些老人家先睡着呢？加魯加棲已經想不起來了。是不是自己喝酒太多上了頭呢？他也想不起

來。他只知道有那麼一個瞬間，他的眼皮不受自己控制，睡魔把他徹底征服了。當他醒來的時候，他發現自己躺在長春藤繞着的斷牆下面，而太陽已經高掛在天空。

躊躇：指很猶疑，下不了決定。

斷壁殘垣：殘垣：倒了的短牆。指殘存和倒塌了的牆壁。

返家

加魯加棲揉了幾下眼睛，叫他的狗，喚他的羊。但是，狗和羊都沒有回應。他又向周圍一望，只覺得腳下的草，比昨天長了許多，樹枝零亂地橫在他的頭上，那是他以前從來不曾看見過的。他搖着頭，恍若隔世，便站起身來把腰和腿都活動了一番，覺得自己的關節比以前僵硬了好多。他喃喃自語道：「自己的牀不睡，倒睡到草地上來，難怪身體會僵硬了。」後來，他漸漸回憶起昨夜的事情，想到他喝的那些美酒，忍不住又舐了一下嘴唇。他想道：「到這種奇怪地方來玩打彈子遊戲的那些老人家，究竟是甚麼人呢？」

他首先想到去查看那個小門。但

是，說也奇怪，牆上甚麼也沒有，連一條可以讓老鼠鑽過去的縫都沒有。他站着搔搔他的頭，發現他的帽子上爛了許多小洞，他想道：「唉呀，這頂帽子還是新的呢！」他的眼光又落到他的鞋子上，發現從家中出來的時候還是新簇簇的鞋子，現在已經殘舊不堪了。最後，他發現自己身上的衣服也是這樣。他越想越奇怪，心裏也就越不明白怎麼會遇着這樣的事。他只好懷着迷惑的心情回家去了。

山下的平地上，便是他家所在的那個村落。他一邊走，一邊還在沿途尋找他的羊。他想道：「要是遇着鄰居，他們或許能告訴我牠們在甚麼地方。」但是，他往村子走的途中，所遇見的人，

竟然一個也不認識。他們見了他，也不跟他打招呼。他迎着那些人逐個詢問他的羊在哪裏，而他們只是奇怪地看着他，像看一個怪物一樣。

他也覺得奇怪，便摸了一下自己的臉，原來他下巴上的鬍鬚已經有一尺多長了！他暗暗想道：「一定是這個世界倒轉來了，否則，我一定是着魔了。」但是，當他轉身朝樹林看的時候，他還認得那座山。走到村裏，看到屋舍仍然和以前是一樣的。他又聽見一些孩子說起這村子的名稱，也和從前是一樣的，不曾改變。

他搖着頭，一直向他的家走去。唉呀！只見他的家似乎因為年久失修，已經破爛不堪。窗户破了，門框也脫落了，

屋前的小院裏躺着一個小孩，衣衫襤褸，正在和一隻脫了毛、掉了牙齒的老狗玩着，他以為這隻老狗一定認得他，但是沒想到，狗一見到他便狂吠起來。他走到屋門口，只見屋內空蕩蕩的。他見到這副情形，越發摸不着頭腦，不知道發生了甚麼。他大聲叫着他妻子和孩子的名字，但是，沒有一個人應他。

　　一會兒功夫，來了一大羣小孩子和女人。他們圍着這個奇怪的、滿臉鬍鬚的陌生人，七嘴八舌地向他發問：「你是誰呀？」「你找誰呀？」加魯加棲覺得這種情況下問自己的妻子兒女在哪裏，似乎得不到任何答案，便隨意地問：「鐵匠漢斯呢？」眾人都在搖頭。但是有位老太太答道：「他七年前到一個地方去

了，那是你現在走不到的地方。」「縫工賈力資呢？」另一個扶着拐杖的老婆婆答道：「上帝召去他的靈魂了！十年前他就住進一間永遠不會離開的屋子裏了。」

加魯加棲仔細再看那個老婆婆，不禁打了一個寒戰。他認出這是他的一個老朋友，但是她的容貌已經老得面目全非了。他接連又問了幾句，後來一位年輕婦人擠了進來，她一手抱着一個嬰兒，一手拉着一個三歲大的女孩子。這三個人，都和他妻子的模樣相似。他連忙問那婦人：「你叫甚麼名字！」她回答道：「麗斯！」「你父親的名字呢？」「加魯加棲！願上帝保佑他！這個可憐的人啊，二十年前就失蹤不見了！當他失蹤

仙界一日，人間廿載。

時，我們日夜在山上尋找，最後只有他的羊和狗自己走回來。直到今天，他仍然杳無音信。那時候我才只有七歲呢！」

加魯加棲再也忍不住了。他激動地說道：「我不是別人，正是加魯加棲啊！」他把女兒手中的嬰兒抱過來，吻了又吻。

眾人全都呆住了，不知道在想甚麼，也不知道該說甚麼。他的一個老熟人顫巍巍地踱到他面前，仔細地看了他一會，慢慢的說道：「加魯加棲！加魯加棲！這確確實實是加魯加棲啊！他的右眼上，有小時候被我用木頭打傷的疤痕呢！」於是又有幾個人叫起來：「是呀！果然是加魯加棲！老朋友，歡迎你回家了！這二十年，像你這麼一個老實

人，究竟去了甚麼地方呢？」

村中的人都聚了過來；孩子們笑着，狗吠着，所有人都為加魯加棲平安回來興奮不已。在這過去的二十年，他究竟在甚麼地方呢？每當別人問起來，加魯加棲總是高聳着肩膊，搖了搖頭，表示自己也不明白。因為他實在不能把這事說得明白，所以乾脆甚麼都不說了。但是，就他記憶所及的，像怎樣喝着甘甜的美酒，怎樣跟那些老人玩打彈子遊戲……還深深地印在他的腦海裏。

恍若隔世：好像相隔了一個世界。比喻事物變化發展
　　　　　很快、變化很大。

喃喃自語：小聲地自己跟自己說話。

杳無音信：一點消息也沒有。形容失去聯絡或沒有方

式聯絡。

顫巍巍：形容動作不穩的樣子。

ABB式疊詞

疊詞能使描繪的景色或事物更加形象化，同時使文字更富有音樂感，朗讀起來更好聽。

「ABB」是最常見的三字疊詞形式。這類疊詞一般都是形容詞，例如「顫巍巍」用來形容不穩的動作，「亮晶晶」形容外表發光的物體。

下面是一些常見的ABB式疊詞，你能猜出來嗎？

蕩蕩　絲絲　沖沖　淋淋　汪汪　狠狠

油油　騰騰　蒼蒼　絨絨　噴噴　燦燦

1. 水□□　　2. 金□□　　3. 血□□

4. 慢□□　　5. 空□□　　6. 香□□

7. 甜□□　　8. 興□□　　9. 天□□

10. 惡□□　　11. 綠□□　　12. 毛□□

聶潘齊魯

偷菜

從前有一對夫婦，渴望有個兒女，可是盼望了許久，總難實現。後來，妻子終於懷孕，他們的心願快要實現，夫妻兩人高興極了。

在他們住的房屋後面，有一個小窗，能望見對面一個極美麗的花園。這個花種滿了奇花異草，但是四周卻被高高的圍牆包圍着。

一天，那婦人站在這個窗口，看着園中的花草。只見一個花壇上，種着一種極美麗的山小菜，看起來既新鮮又翠

綠，她心裏想要採一些來吃。她這樣一天一天地渴望着，雖然知道這是很難辦到的事，但又不能撇開不想。她每天都很糾結，時間一久，整個人都變得消瘦起來。

她的丈夫見到她這個樣子，很是擔心，問她究竟為甚麼。她說：「唉呀！如果我吃不到屋後那個花園裏的山小菜，我恐怕要死了！」她的丈夫深愛自己的妻子，暗想道：「我絕對不能讓她這樣死去！不管代價怎麼高，我必須採些山小菜給她品嘗。」於是，趁天黑的時候，他爬到那個花園裏，慌忙地摘了一把山小菜，便馬上帶回去送給妻子。妻子用山小菜來拌雞絲，吃下去後，覺得美味極了。因此第二天，她更加渴望

這種菜，便又懇求她的丈夫再到園裏去替她採摘。於是，她的丈夫趁天黑的時候再次爬到園裏去。但是這一次，當他轉身要爬出園外時，忽然看見一個女巫站在他面前，樣子非常可怕。

原來女巫是這園子的主人，她怒氣衝衝地問道：「你怎麼敢像賊一樣爬到園裏來偷我的菜呢？你必須受到懲罰！」那人答道：「唉呀，請你大發慈悲，高抬貴手。要知道我做這事是萬不得已的，因為我的妻子懷孕了，她從窗口望見你園裏的山小菜，很想吃一點；如果吃不到，她就要想到死了。」

那女巫說道：「如果你說的話是真的，你可以任意採摘這裏的山小菜，但是有一個條件，就是你們將來生下來的

孩子，必須送給我。我一定視她如同己出。」那人在驚慌之中，甚麼條件都答應下來。後來，孩子出世了，那女巫果然出現在他們面前，給她起了個名字，叫做聶潘齊魯（意即山小菜），並且把她帶走了。

遇見王子

　　聶潘齊魯是世界上最美麗的孩子。當她到了十二歲那一年，女巫把她囚在林中的一個高塔上，這個塔既沒有樓梯可以上去，也沒有可以出入的門，只有一個小窗在上面。女巫要到塔上去的時候，只須站在塔底下叫道：「聶潘齊魯！聶潘齊魯！把你的頭髮垂下來！」原來聶潘齊魯有一把又長又美麗的金色秀髮。她一聽見女巫這樣叫，便把她的長髮繞在窗外邊的鐵鈎上，將其餘的頭髮垂到塔底下，足有二十碼長，那女巫就握着頭髮攀到塔上。

　　她們住在那裏，過了大約兩三年。一天，有個王子騎馬經過這片樹林，向那座塔走來。當他走近那塔的時候，聽

見一陣美妙的歌聲，使他情不自禁地停下來靜聽。原來矗潘齊魯正在借着唱歌來消磨自己寂寞的光陰。王子被歌聲深深地吸引了，很想到塔裏去見她。他在塔的周圍尋找進去的門，卻怎麼也尋不着，只得悶悶不樂地回去了。但是，矗潘齊魯的歌聲深嵌在他的心裏，使他每天都到林中去聽她唱歌。

一天，王子站在樹下，看見女巫走來，只聽得她叫道：「矗潘齊魯！矗潘齊魯！把你的頭髮垂下來！」接着他便看見矗潘齊魯將頭髮垂到塔下，女巫就握住頭髮攀到塔上去了。王子見了這個情形，便自言自語道：「原來女郎的秀髮就是梯子，我為甚麼不照樣走上去，試試我的運氣呢？」於是，第二天天黑

的時候，王子走到塔下，叫道：「聶潘齊魯！聶潘齊魯！把你的頭髮垂下來！」聶潘齊魯果然把頭髮垂到塔下，王子就握着頭髮攀上去了。

聶潘齊魯見爬上來的是一個男子，非常吃驚，因為她從來沒見過男子。但王子很溫柔地告訴她，她的歌聲深深地打動了他的心，所以他才想出這辦法來跟她見面。聶潘齊魯見王子這樣年輕，又溫文爾雅，頓時忘記了恐懼。當王子請求她嫁給他時，聶潘齊魯心裏想道：「這個人自然要比媽媽葛齊爾更加愛我了！」於是她把手放到王子手裏說：「我很願意跟你走，但我不知怎樣才能夠下去。我想你以後到這裏來的時候，每次都帶一些絲過來，我一點一點將它們織

邪不勝正，有情人終成眷屬。

成軟梯，等到梯子做好了，我就可以從塔上下去，然後我們一起騎馬離開這裏了。」他們商量好了以後，王子便每天晚上帶幾條絲帶到塔上來見她。因為女巫總是在白天過來，所以對他們相會的事一點也不知道。

但是，不幸的事情發生了。有一天，聶潘齊魯在不知不覺中對女巫說：「母親，你爬到塔上時，為何總是爬得這樣慢，而王子卻可以爬得這樣快呢？」那女巫聽後生氣地說道：「呀！你這個壞女孩，竟然背着我私會王子！這下我知道了！等我把你藏起來，任憑誰也找不到你！」她在盛怒之下，一手抓住聶潘齊魯的頭髮，繞了幾繞，一手拿着剪刀，咔嚓幾聲，聶潘齊魯美麗的金髮應聲落

地。女巫又強行把聶潘齊魯帶到一個人跡罕至的地方，丟下她一個人孤獨地生活在那裏。

重逢

　　女巫將聶潘齊魯藏好之後，再回到塔裏，把聶潘齊魯留下來的那把頭髮綁在窗外的簾鈎上。到了晚上，王子又來了，他照例叫道：「聶潘齊魯！聶潘齊魯！把你的頭髮放下來！」女巫就把頭髮放到塔下，王子抓着頭髮爬到塔上。但是這次在塔裏等候他的，並不是他的心上人，卻是一個醜怪的女巫。她用兇惡的眼光，一閃一閃地看着他，揶揄他道：「唉喲！你是為着你的小情人來的嗎？那隻可憐的小鳥已經不再住在巢裏，也唱不了歌。她被貓捉去了，小心啊！貓還要把你的眼睛挖出來，使你永遠也看不見聶潘齊魯呢！」

　　王子聽到這個消息後悲憤極了，便

縱身跳到塔下。他雖然沒有跌死，但是荊棘的刺把他的一雙眼睛刺盲了。之後他盲着一雙眼睛，整日在樹林裏遊來蕩去，餓了就簡單地吃點草木的根和野楊梅充饑。他甚麼也不想做，每天只是痛惜他那失去的愛人。

他這樣含愁帶恨地漫遊了幾年，後來竟然走到矗潘齊魯居住的地方。一天，他隱隱約約聽到一陣熟悉的歌聲，就激動地隨着聲音傳來的地方走過去。矗潘齊魯遠遠地看見了他，立刻跑過來摟住他的頸，痛哭起來。她的淚珠滴到他的眼睛裏，他的雙眼立刻恢復神采，和從前一樣能夠看東西了。

他們久別重逢，王子的眼睛也恢復了視力，於是王子高高興興地把矗潘齊

魯帶回國去。從此以後，他們倆一直幸福快樂地生活在一起。

挪揄：嘲笑、戲弄、侮辱的意思。

兄和妹

變身小鹿

一天，漢塞爾拉着他妹妹格里土爾的手，說道：「自從母親死後，我們便再沒有度過一天快樂的日子了。我們的後母，每天對我們不是打就是罵，稍微走近她一點，她便推開我們。我們每天只能吃到硬的麵包皮，就是家裏那隻睡在火爐邊的狗，恐怕也要比我們過得好些，因為牠有時候還能吃到一塊好肉呢！請上帝保佑我們！唉！假如我們的生母知道我們現在受這樣的苦，不知要怎樣痛心難過呢！來吧，讓我們去外面

那廣闊的世界闖蕩一番吧！」

於是，兄妹兩人出發了。他們在田野裏整整走了一天，直到天黑才來到一個大樹林。因為又餓又倦，兩人爬進一棵空心大樹睡覺去了。

第二天早晨，他們一覺醒來，太陽已經爬到樹梢上了，那棵空心的樹被照得暖洋洋的。漢塞爾說道：「妹妹呀，我很口渴。如果我出去能找到一條小溪，我就在那裏喝飽水，再帶些水回來給你。你聽聽啊，我彷彿聽見一條溪流的聲音了。」妹妹堅持要跟他一起去，於是兩人站起身，拉着手，一同去找那條溪流。只是，他們不知道危險已經悄悄地逼近了。

原來，他們的後母是個妖精，她早

就跟着他們來到樹林，把魔咒施加到他們身上。後來他們找到一條清澈到可以看見鵝卵石的小溪，漢塞爾正要去喝，格里士爾似乎聽見那條溪在說：「在這裏飲水的人，會變成一隻老虎。」於是她驚叫起來：「哥哥，不要喝啊！否則你就要變成一隻老虎，把我撕碎了！」漢塞爾雖然非常口渴，但聽了這話，也就不喝了。他說：「既然你這樣說，我還是到了第二條小溪再喝吧！」

當他們來到第二條小溪時，她似乎又聽見溪水在那裏說：「在這裏喝水的人，會變成一隻狼。」她又叫起來：「哥哥，不要喝啊！否則你會變成一隻狼，把我吃掉！」漢塞爾聽了後又沒有喝，說道：「那我走到別的小溪再喝吧！我

實在渴極了，這一次找到小溪，無論你說甚麼我都一定要喝的！」

到了第三條溪，格里土爾側耳一聽，只聽得溪流說道：「喝了這水的人，會變成一隻小鹿。」她趕忙阻止哥哥：「呀！哥哥不要喝，否則你會變成一隻小鹿，離我而去的。」可是，漢塞爾已經顧不上那麼多了，只見他屈膝下去，同時將他的嘴唇湊到水面上，水一到他口裏，他立刻變做一隻小鹿了！

格里土爾對着這隻楚楚可憐的小鹿大哭起來。小鹿依偎在她旁邊，眼中也在垂淚。她說：「哥哥呀，不管你變成甚麼，我都永遠永遠不會離開你。」說完她脫下自己頸上那條金鏈，戴在小鹿的頸上，又拔了些燈心草，結成一條柔

軟的草繩，綁在金鏈上，牽着小鹿，往樹林深處走去。

　　他們走了很遠的路程，來到一間空曠的小屋。格里土爾看到屋裏沒人，心想：「我們就在這裏安頓下來吧！」於是她外出收集了一大捆乾葉和青草來，為小鹿鋪了一張柔軟的牀。她每天早晨外出採集各種野果給自己吃，同時也會採集軟草、甜味的小樹枝給小鹿吃。每次她餵小鹿時，小鹿十分喜悦，在她身邊奔跑、跳躍、嬉戲。晚上格里土爾累了，祈禱完後，便枕在小鹿身上，美美地入睡。除了小鹿不能變回人形之外，他們的生活可以説非常美滿、寧靜。

闖蕩：指背井離鄉，遠離親人，在外獨立生活。

遇到困難不要氣餒，因為機會往往會偽裝成困

難來到人們身邊。

小屋的秘密

　　兄妹倆就這樣在樹林裏住了很久。有一天，國王在樹林裏打獵。小鹿聽見號角聲、犬吠聲以及獵人的歡呼聲，很想出去看看究竟。小鹿對格里土爾說道：「妹妹呀！讓我到樹林裏去走一走吧，我實在忍不住了，想跑動一下。」牠跟妹妹講了許久，格里土爾不得已，只得讓牠出去。她說：「你必須要在天黑前回來。你去後我便要把門關上拒絕那些野蠻的獵人，如果你回來，就用腳在門上踢一下，說『妹妹，讓我進來』，我便知道是你回來了。如果你不說，我便不開門。」小鹿答應後，就跑出去了。牠在樹林裏蹦蹦跳跳地走着，給正在打獵的國王與獵人們看見了，便跟着追

來。眼看快要追上了，小鹿卻縱身跳入矮樹叢裏，一會兒便看不見了。

小鹿回到小屋時，天色已黑。牠踢了幾腳門，喊道：「妹妹，讓我進去。」於是她開了那扇小門，牠便跳回屋裏，在那柔軟的牀上，安穩地睡了一夜。

第二天，國王又來打獵了。小鹿聽見號角的聲音，說道：「妹妹，開門讓我出去，我必須再去走一趟。」於是，妹妹又放牠出去了，並且叮囑牠趕在天黑前回家。當國王和獵人再次看見那隻戴着金鏈的小鹿時，便再去追牠，但牠跑得很快。他們整整追了一天，到後來那些獵人快要把牠包圍了，其中有個獵人還打傷了牠的腳，可是最終小鹿還是逃跑了，跛着腳艱難地爬回家去。那個

打傷牠的獵人，偷偷地跟在小鹿後面，聽見牠在一間小屋門前説「妹妹，妹妹，讓我進去」，説完後門開了，小鹿進去後，門又馬上關了起來。那獵人把通往小屋的路徑做了記號，然後回到了國王那裏，將自己所看到的事情告訴了國王。國王好奇地説：「我們明天再去打獵，我要一探小屋的究竟。」

話説格里土爾看到哥哥受了傷，非常地吃驚。她替他洗淨了傷口，敷上草藥，安慰他説：「快去睡吧，睡一覺明天就好了。」小鹿的傷，本來也是很輕微的，所以第二天早晨，傷口便已經好了。當小鹿再次聽見號角的時候，牠又待不住了，説道：「我不能留在這裏，必須去看看。我會特別當心不被他們捉

到的。」格里土爾擔心地說：「我知道他們這回一定要殺死你的，我不能放你去。」小鹿說：「如果你不放我去，我可要悶死了。我一聽見號角響，便覺得自己要飛起來了一樣。」格里土爾沒辦法，只好又放牠出去，她一開門，小鹿便快活地跑到樹林裏去了。

國王看見小鹿，對他的獵人們說道：「今天你們要全力以赴地捉牠，直到捉到牠為止，但你們千萬不要傷害到牠。」但是，直到太陽落山，他們還是沒有捉住牠，國王便把獵人們召集來，對先前那個跟蹤過小鹿的獵人說道：「領我到那間小屋去。」

於是他們來到那間小屋，敲着門說道：「妹妹，妹妹，讓我進去。」門開

後，國王走到屋裏，只見屋裏站着一個女子，非常美麗可愛，國王見過的女子當中沒有一個能比得上她。格里土爾見進屋的不是她那頭親愛的小鹿，卻是一個戴金冠的國王，大吃一驚。但國王很親切地對她說道：「你願意到我宮來，做我的妻子嗎？」格里土爾非常意外，但她還是很高興地回答說：「我願意的，但我那頭親愛的小鹿必須和我一同去，因為我是不能離開牠的。」國王說：「很好，那隻小鹿可以跟你住在一起。」正當此時，小鹿蹦蹦跳跳地進來了。格里土爾便用那條草繩牽着牠，一起跟隨國王離開了那間小屋。

國王把格里土爾帶回宮中，同她舉辦了隆重的婚禮。格里土爾把以前跟哥

哥在一起的遭遇，全都告訴了國王。國王便把他們的惡繼母召來，狠狠地懲罰了她。於是小鹿回復了人形，與他親愛的妹妹仍舊相親相愛，一起快樂地生活在王宮裏。

金鬚巨人

幸運兒

　　某一個村莊裏，住着一個窮人，他最近剛剛生了一個孩子。這個孩子是在一個很吉祥的日子裏出生的，因此那裏的人都叫他做幸運兒。算命的替他算過以後，說他在十四歲的時候，要娶國王的女兒做妻子。

　　這個嬰兒一生下來，眾人便一傳十，十傳百，沒過多久全村的人都知道了，都在談論這個幸運兒。恰巧國王走過這個村子，見村民們這般興奮，便向他們打聽是怎麼一回事。村民說道：「好

消息！我們這裏有位大哥，在最近的一個好日子裏剛生了一個兒子。算命的說，這個嬰兒在十四歲之後，會娶國王的女兒為妻子呢！他真是個天生的幸運兒啊！」

國王聽了，很不開心。於是他走到那嬰兒的父母那裏，問他們肯不肯把兒子賣給他。他們說道：「不可能！」可是這客人極力懇求，並答應給他們很多很多的金錢。他們本來就面臨着沒有飯吃的困境，看到有人出這樣的大價錢，便心動了，最後還是把幸運兒給了客人。之後夫妻兩人互相安慰道：「他是一個幸運兒，無論如何，他是不會遭受災難的。」

國王把嬰兒放到一個箱子裏，騎馬

帶走了。他走到一條深溪旁邊，把箱子投入溪流中，說道：「從此以後，你永遠也不可能做我女兒的丈夫了！」但是，國王想不到，那個箱子並沒有沉到水裏，只是浮在水面上，順流而下。

後來，這箱子漂流到離村莊兩里之外的一個磨坊前面。磨工看見箱子，便取了一根長篙，將箱子拉到岸邊來。因為很重，磨工一開始還以為裏面是金子。可是打開一看，卻是一個很可愛的嬰兒，望着他微笑。這個磨工和他的妻子，是沒有小孩子的，現在卻意外地漂來了這個嬰兒，大為歡喜，說道：「這是上天賜給我們的禮物！」於是，他們收養了他，細心地養育他。幸運兒長大了之後，活潑開朗，沒有一個人不愛他。

娶到公主

　　大約十三年過去了，先前那個國王偶然經過這個磨坊，見到了這個孩子，便問磨工這是不是他的兒子。磨工回答道：「不是，他是我拾來的。當年他是被裝在一個箱子裏，飄流到磨坊側邊的那個池子裏來的。」國王問道：「有多長時間了？」磨工回答道：「大約有十三年了。」國王於是說：「他是個好孩子，你能讓他替我帶一封信給王后嗎？我願意付給他兩塊金子作為酬勞。」磨工高興地說：「當然可以，我們願意聽憑大王吩咐。」

　　國王剛才已經猜到，這個孩子就是他先前要淹死的那個幸運兒。於是他寫了一封親筆信給王后，信內說道：「見

信後，立刻將帶信的人殺死，並把他掩埋了。」

少年帶着信出發了，可是他走錯了路。晚上，他在一個樹林裏迷路了。後來他遠遠看見有一道光線，便向着燈光走去，來到一間小屋前面。屋裏住着一個老婦，她看見了少年後，吃了一驚，説道：「你怎會跑到這裏來了？你要到那裏去呢？」「我要送一封信給王后，可是走錯了路。如果你肯讓我在這裏借宿一晚，真是感激不盡啊！」老婦説道：「你真是運氣不好，這裏是一個賊窟。賊人等會就會回來，他們見了你，一定會殺害你的！」少年答道：「我實在困倦極了，不能再走。除了這裏，我沒有第二個地方可以去，就讓我待一個晚上吧！」

於是他把信放在桌子上面，然後躺到一條板凳上，很快便睡着了。

賊人回來，見到少年，便問老婦這少年是誰。老婦回答道：「他是給王后送信的人，因為走錯了路，所以想在此借宿一夜，我因為可憐他就答應了。」賊人把信拆開一看，知道了國王要謀害這個少年的事情。賊人的首領對國王這種詭計非常憤恨，便把信撕碎了，仿着國王的筆跡另外寫了一封，上面寫道：「收到信後，請立刻將公主嫁給這個送信的人。」他們沒有打擾這個少年，一直讓他睡到天亮，待他醒後，還告訴了他去王宮的正確路線。

少年很快便來到王宮，王后讀過信後，立刻為公主與少年準備婚禮。由於

這個少年性格可愛，面貌英俊，公主對這段婚姻非常滿意。

　　過了一些時候，國王回來了。得知幸運兒與公主結了婚，他感到莫名其妙，便着急地問王后當時的信件說了些甚麼。王后說道：「親愛的丈夫呀，這是你的信，請過目吧。」國王見信的內容通通改過了，便問他的女婿，有沒有拆開來看過。少年回答道：「沒有，假如這封信不是你寫的那一封，恐怕是送信那晚在借宿的人家裏被人偷換了。」國王十分惱怒，說道：「要娶我女兒的人，必須到那個怪石洞裏，把金鬚巨人的三根金鬚取來，否則婚禮就無效。」幸運兒無奈地說道：「我去取就是。」於是他告別妻子，上路去了。

巧取金髮

　　少年經過一個城，守城門的人截住他，問他做甚麼生意，知道些甚麼。他回答說：「我甚麼東西都知道。」「真的嗎？那你正是我們所要找的人了。請你告訴我，我們城裏的那口井為甚麼乾到一滴水也沒有？如果你能夠說出緣由來，我們送給你兩頭馱着金子的驢子。」他回答道：「那自然是好事，待我回來時告訴你們吧！」

　　於是他繼續向前走，又經過一個城。守門的也截住他，問他做甚麼生意，知道些甚麼。他說道：「我甚麼東西都知道。」他們道：「那麼，請你做一件好事吧。我們這裏有一棵能生長出金蘋果的樹，可是，這棵樹今年連一片葉子也

沒有長出來。請你告訴我們，這是甚麼
緣故。」他說道：「我很願意去一探究
竟。等我回來時自然會告訴你們。」

後來，他走到一個大湖邊上，那是
他一定要經過的地方。渡船的船夫也問
他做甚麼生意，知道些甚麼。他說道：
「我甚麼東西都知道。」船夫便說：「那
麼，請你告訴我甚麼東西強迫我在這裏
日夜不停，來來往往地渡人呢？如果你
能夠使我回復自由，我一定會大大的酬
謝你！」他說道：「把我渡過去，回來的
時候自然會告訴你。」

他渡過了湖，不久便走到了那個怪
洞。洞裏面看起來陰暗可怕，但是洞主
不在家，他的祖母卻坐在洞口的一張搖
椅上。她問道：「你要找甚麼呢？」他回

答說：「我要找巨人的三根金鬚。」老婦說：「他回來時你的處境會很危險，不過，我願意盡力幫助你。」於是，她把他變成一隻螞蟻，教他躲在她那件大衣的褶縫裏。他又問老婦人：「謝謝你照顧我。不過，我還想知道這個城裏那口井的水為甚麼會乾？生長出金蘋果的樹，為甚麼連葉子也不長一片？又是甚麼力量讓那個擺渡的船夫不能自由呢？」

那老婦說道：「你這人真的很喜歡問一些奇奇怪怪的事情。可惜我不能回答你。不過，你可以靜靜的伏在這裏，等我拔巨人的金鬚時，你留意聽他說的話，或許能知道真相。」

不久，天黑了，巨人回來了。他一

踏進洞便在空中嗅着，叫道：「這裏的情況不對，我嗅到了生人的氣味。」他到處去搜，可是沒有搜到甚麼。老婦生氣地說道：「你為甚麼要把東西翻得這樣亂？我剛把它們收拾好的。」巨人被老婦罵過後，便把他的頭挨到老婦的膝上，一會兒便睡着了。他剛要打鼾，老婦抓着他的一根金鬚，用力地拔下來。「啊唷！」他叫了一聲，驚醒過來。「你幹甚麼？」老婦答：「我做了一個夢。夢中驚醒了，所以抓住了你的金鬚。我夢見城裏那口井乾了，一點水也沒有。這是甚麼緣故呢？」巨人說道：「如果他們知道了，他們一定會開心到不得了。井底下有一隻大蝦，把牠殺死，便會有水了。」

他說完，又睡着了。老婦人又拔下他的一根金鬚。他怒叫道：「你幹甚麼？」她回答道：「不要惱，那又是我剛才睡着了做的。我夢見遠處有一個花園，裏面有一棵樹，平時是生金蘋果的，但是，現在上面連一片葉子也不生了。那是甚麼緣故呢？」巨人回答道：「那樹底下有隻老鼠在咬它的根呢，如果他們殺死那隻老鼠，那樹自然會生金蘋果了。否則，不久它便要枯死了。現在你該可以讓我安安穩穩地睡一覺吧！要是再攪醒我，你可要受苦了！」

巨人說完，又睡着了。她聽到他打鼾後，又拔了他的第三根金鬚。巨人痛醒了，跳起身，要動手打老婦。她又問他道：「這一次的夢真是奇怪極了。我

夢見一個渡船的船夫，他在一個大湖裏替人擺渡，日夜不停，似乎是不由自主的。這是甚麼緣故呢？」巨人回答道：「好一個蠢人呀！要是他把舵交給來搭船的人，那人便可代替他，他就可以自由了。好了，求你現在讓我睡覺吧！」

第二天早晨，巨人起身出去了，老婦便把三根金鬚交給少年。少年得到了金鬚，又知道了三個答案，便動身回家。不久後，他來到渡口，船夫認得他，便向他討回話。他回答道：「請先把我渡過去，然後告訴你。」到了對岸，他告訴船夫把舵交給任何前來搭船的人，他便可自由了；第二天，他走到那個長有金蘋果樹的城裏，對守城的人說道：「殺死那隻咬樹根的老鼠，那棵樹便會再長

害人之心不可有，害人終害己。

出金蘋果來。」他們得到這個消息，便送給他一份很厚重的禮物作為酬謝。他又向前走，來到井水乾涸的那個城，告訴守城的人，殺死井底的大蝦，水自然會再流出來，他們便送給他兩隻馱着金子的驢子作為酬勞。

後來，幸運兒回到家了，他的妻子見他回來，非常高興。他把出去後所經歷的事情告訴了妻子，接着還把三根金鬚交給國王。國王這下子也沒有法子再阻撓他們的婚事了。可是，他看到那些金子後，高興地叫道：「賢婿啊，這些金子是從哪裏得來的呢？」幸運兒回答道：「這是在一處湖邊找來的，那裏還有很多呢！你只要坐一個渡夫的船到對岸去，便可看見金子像沙一般堆在那

裏。」國王道：「你那個湖的位置告訴我吧，我也想去取一些金子回來。」幸運兒便把前去渡口的路線告訴了國王。

　　貪心的國王果然去了。當他走到湖邊時，他請求船夫把他擺渡過去。船夫開心地把國王接到船上，並把舵交給了他，然後自己跳到岸上逃跑了。從此以後，國王被逼代替那個船夫在河上來回渡人，失去了自由。這就是他貪婪和奸詐的回報。

聰明的愛麗斯

結婚

　　從前有一個人，生了一個女兒，人家常常叫她做「聰明的愛麗斯」。她長大之後，她的父親說道：「我們要把她嫁了。」母親說：「當然了，只要有人願意娶她！」後來，從遠方來了一個少年，名叫漢斯，他聽說「聰明的愛麗斯」的大名，便慕名而來，想要娶女郎做妻子。他只有一個條件，就是未來的妻子必須是聰明和賢慧的。

　　愛麗斯的父親說：「你找對人了，她是很聰明的！」她的母親也說：「她

能看到風在街角轉彎，她能聽到蒼蠅咳嗽。」漢斯答道：「太好了！如果她不是十分聰明，我就不娶她了！」他們談妥了，便坐下來吃飯。他們在吃飯的時候，母親說道：「愛麗斯，到地窖裏去拿些啤酒來。」愛麗斯從牆上把酒瓶拿下來，走到地窖下面，她一邊走着，一邊拍着瓶蓋，瓶蓋發出的聲響令愛麗斯感到愉悅。

她走到地窖裏，拿了一張小凳子，放在酒桶前面，然後自己坐在凳上。這樣，她便不需要勞累自己彎下腰來打酒。然後她扭轉酒桶的塞，讓酒自己流出來，很快她就把酒裝滿了。但她的眼睛也沒有閒着，趁這個功夫她把地窖巡視了一番，發現一個鶴嘴鋤嵌在牆上正

好對着她的頭頂，這鋤本是砌牆的人留下來的。聰明的愛麗斯立刻哭起來，說道：「如果我嫁了漢斯，生了一個兒子，他長大後，我們差他到地窖裏來取啤酒，這鋤會落下來打死他的！」她坐在那裏，號啕大哭，想像着未來的災禍。

窖上的人，等着喝啤酒，卻總不見愛麗斯上來。母親便對使女說：「你到地窖去看看愛麗斯，看她為甚麼需要這麼長時間？」使女走到地窖下，看見愛麗斯坐在酒桶前面哭，一副悲痛欲絕的樣子。使女奇怪地問道：「愛麗斯，你哭甚麼呀？」愛麗斯回答道：「怎麼，我能不哭嗎？如果我嫁了漢斯，生了兒子，他長大後，我們差他到地窖裏來取酒，那鋤或許會落下來殺死他。」使女

説道：「呀，我們的愛麗斯真聰明，連這個都想到了！」於是她也坐下來陪着她哭，哭她們想像中未來的悲哀。

使女去後也不見回來，眾人等得口渴了。父親便對他的僕人說：「你到地窖去看看甚麼事把愛麗斯和使女耽擱住了。」僕人依命，走到窖下，只見愛麗斯和使女一同坐在那裏哭。僕人問道：「你們哭甚麼呢？」愛麗斯答道：「呀，我能不哭嗎？假使我嫁了漢斯，生了一個兒子，當他長大後，我們差他到這裏來取酒，那鋤是會落到他頭上，把他殺死的！」僕人說道：「呀，我們的愛麗斯真聰明！想事情真有先見之明！」於是他也坐下來嗚嗚咽咽地哭着。

窖上的人，盼望僕人取酒回來，左

等右等都等不來，最後，丈夫說：「妻呀，你下去看看愛麗斯為甚麼在那邊逗留那麼久。」她的妻走到窖下，只見他們三個人都在那裏哭着。她問起緣由，愛麗斯便把如果嫁了漢斯之後，生了兒子，會被鋤殺死的話，同樣告訴了她。母親便也和他們一樣悲哀地哭起來，並說道：「呀，我們的愛麗斯真聰明啊！讓我們提前知道了未來的事情！」

過了許久，父親渴極了，心想還是自己親自去問問他們為甚麼要久留在窖裏，他對漢斯說：「看來得由我去問個究竟了！」於是他走到窖下，見他們這樣的悲哀，問道：「發生甚麼事呢？我們在等着啤酒喝，你們為甚麼都在這裏哭呢？」他們把哭泣的理由告訴他，說

如果愛麗斯嫁給漢斯，生了一個兒子，人家差他來取酒，那鋤是會落下來殺死他的！老人聽了這話，心裏對女兒讚賞有加，說道：「我們的愛麗斯真是又聰明又賢慧呀！」於是也跟他們一樣哭起來。

漢斯自從老人去後，也等了許久，一個人也不見回來，心想他們或許是在窖裏等候他，便也走到窖下，只見他們五個人哭成一團。漢斯問道：「你們遇到甚麼事情了？為甚麼一起在這裏哭泣？」愛麗斯答道：「唉呀，親愛的漢斯！如果我們結了婚，生了一個兒子，兒子長大了，我們差他到這裏來取酒，恐怕那嵌在牆上的鋤，會落下來殺死他的！」漢斯一聽倒有幾分欣喜，說道：

「好呀！愛麗斯你太賢慧了，我再也不可能找到這麼好的妻子了，我們馬上結婚吧！」於是漢斯挽起愛麗斯，領她到地窖外面。他們很快便舉行了婚禮。

耽擱：指沒有守時，延遲了時間。

割麥

新婚不久後，漢斯對妻子說：「妻呀，我要到外面做工賺錢。你到田裏去割麥吧，這樣我們便有麵包吃了！」「好的，親愛的漢斯，我去就是了。」漢斯出去後，愛麗斯做了些美味的湯，帶到田裏去。到了田裏，她問自己：「現在，是先割麥，還是先喝湯呢？我看還是先喝湯吧。」於是她把一罐子的湯都喝完了。愛麗斯覺得很滿意，又對自己說：「現在，我是先割麥，還是先睡覺呢？嗯，我看還是先睡覺吧！」於是，她舒舒服服地倒在麥田裏，美美地睡着了。

那時，漢斯已經回家很長時間了。但是，妻子愛麗斯還沒有回來。漢斯想道：「我的愛麗斯真賢慧呀！她勤勞到

這個程度，連飯都忘記了回家來吃。」
於是他左等右等，一直等到黃昏，還不
見愛麗斯回來。他便跑去田裏看她究竟
割得怎麼樣了。卻見田裏的麥，一點也
不曾割過，愛麗斯卻睡在麥田裏，鼾聲
如雷。漢斯趕快走回家裏，拿了一個綁
着小鈴鐺的絲帶，繫在她的頸上，她仍
然酣睡不醒。於是漢斯又趕回家去，把
門關上，並且下了鎖，坐在樓上做自己
的事情。

　　天黑了，愛麗斯終於醒了，她起身
的時候頸上的鈴鐺響了起來，每走一
步，鈴鐺便響一聲。她大為吃驚，疑心
自己究竟還是不是聰明的愛麗斯本人，
她自言自語道：「我聰明呢？還是不聰
明呢？我是笨蛋愛麗斯？還是聰明的愛

人往往缺乏自知之明，愚笨的人從來不覺得自己是愚笨的。

麗斯呢？」她呆呆的站了許久，百思不得其解。最後，她拍一拍腦袋說：「有了！等會我回家問問不就可以了嗎？他們一定會知道的！」

於是她跑回家去，見門已上鎖。她便敲着窗戶，問道：「漢斯，愛麗斯在家嗎？」漢斯回答道：「是的，她在裏面呢！」愛麗斯大驚，叫道：「唉呀，原來我不是愛麗斯了！」於是走到第二家去，想問問他們有沒有見過聰明的愛麗斯。但是，人家聽見鈴響，都不肯開門。她找不到棲身的地方，便一路走到村外。從此以後，再也沒有人見過她了。

鼾聲如雷：熟睡時發出的鼻息聲很大，就像打雷一樣。形容睡得很深。

字詞測試站 2

使用了比喻的成語

使用比喻，能使要表達的意思更明確，更具體和更易於理解。有些常用成語，本身就是一個完整的比喻句。「鼾聲如雷」便是一個明喻句，「鼾聲」是本體，「如」是比喻詞，「雷」是喻體。

下面是幾個常見的使用了比喻的成語，你能猜出來嗎？

1. 柔情似 □
2. 恩重如 □
3. 膽 □ 如鼠
4. 大 □ 若愚
5. 如魚得 □
6. 如虎添 □

黎麗與獅子

玫瑰花的代價

　　一個商人，有三個女兒。有一回，他要出外旅行，臨行前問他的三個女兒想要甚麼禮物。大女兒想要珍珠，二女兒想要寶石，第三個女兒黎麗說道：「親愛的父親，回來時請給我一朵玫瑰花吧！」可是，當時正是冬天，要找一朵玫瑰花可沒有那麼容易。不過黎麗是商人最心愛的女兒，所以他決定想盡一切辦法去滿足她。於是，他跟三個女兒一一吻別後出發了。他回家的日期到了，兩個大女兒的珍珠和寶石早早就買

好了。可是，無論去哪裏，他都找不到一朵玫瑰花。他路過花園便會走進去問有沒有玫瑰花，但大家都笑着反問他玫瑰花怎麼會在冬天裏開放呢。他悶悶不樂，心想他恐怕不能滿足小女兒的要求了。

後來他決定回家了，一路上還在想着究竟帶些甚麼東西給黎麗才好。他不經意間來到一座美麗的城堡，城堡外面被一個神奇的花園包圍着，這個花園的一半像是在夏季，百花盛開；一半卻像是在冬季，雪花飄飛，滿目淒涼。商人驚叫道：「好運氣啊，終於給我找到了！」他親自走到玫瑰花壇裏，摘了一朵玫瑰花準備帶走。

他帶着僕人正要走出花園時，忽然

跳出一隻可怕的獅子，牠大聲吼叫道：
「甚麼人偷走我的玫瑰花？我要吃了
他！」商人嚇了一跳，回答說：「我不知
道這個花園是你的，你能饒了我們嗎？」
獅子說：「不能，除非你把你到家時第
一件遇見的東西給我。如果你肯接受這
個條件，我便讓你走。」可是商人不願
意啊，他心裏想：「我第一個遇見的一
定是小女兒黎麗。她最愛我，平日我回
家，她總是最先走出來迎接我的。」但
是，那個僕人害怕得很，他知道商人擔
心甚麼，連忙應付說：「或許你第一個
遇到的是貓狗之類吧！」最後，他們兩
人膽戰心驚地答應了獅子的要求，拿着
玫瑰花離開了。

　　商人到家的時候，第一個遇見的，

果然是小女兒黎麗。她跑到父親面前，吻他，歡迎他回家。她看見父親真的為她帶回了玫瑰花，更是歡喜。但是，她的父親卻悲傷起來，哭着道：「我最親愛的女兒啊！這朵玫瑰花是我用極高的代價換回來的，為了摘取這朵玫瑰花，我已答應把你送給一隻兇惡的獅子了。牠得到你之後，一定會把你吃掉的。」於是，他把遇到的事情詳細地告訴了黎麗，並且叫她不要離開，他們一起面對災禍的到來。

但是，黎麗卻反過來安慰父親說：「親愛的父親，您對獅子的承諾是一定要遵守的。讓我到獅子那裏好好地開導牠吧，或許牠會放我平安歸來。」

第二天早晨，黎麗向父親問明路

徑，抱着極大的決心向花園出發了。原來，那隻獅子是一個被施了魔法的王子。白天，他和他的臣子們都是獅子的模樣，可是一到晚上，他們便回復人形。當黎麗來到這座城堡的時候，那隻由王子變成的獅子熱烈地歡迎她的到來。等到了晚上，王子在黎麗面前變回了人形。黎麗起初又驚又怕，但很快她就愛上了王子。後來他們舉行婚禮，一起度過了一段很快樂的生活，並且有了他們自己的孩子。不過，王子總是到了晚上才和黎麗在一起，一到天明便離開。沒有人知道他和臣子們去了哪裏，黎麗和她的孩子只能耐心地等待他晚上回家。

開導：讓對方明白、理解某些東西或道理。

災禍降臨

　　過了些時候，王子對黎麗說道：「明天，你父親要舉行一個盛大宴會，因為你的大姊要出嫁了。如果你要去見她，我的手下可以領你回去。」她因為能夠再跟父親和姐妹見面，很是歡喜，便讓獅子帶路回家了。眾人見黎麗回來，非常吃驚，因為他們都以為她已經死了。黎麗把自己遇到的事情告訴他們，並說自己過得很幸福。婚宴完結後，黎麗仍舊回到王子的城堡裏。

　　不久，黎麗的二姐要結婚了，她又要回去參加婚禮。這一次她堅持要跟王子一起回去，她對王子說：「我已經跟大家講了我們的事情，是時候去見見我的家人了。」但是王子不肯答應，他認

為他去了一定會惹出很大的麻煩來。因為，只要有一點兒火把的光照到他的身上，他所受的魔咒便會加倍：他會變成一隻鴿子，不由自主地在空中飛行七年，不能落地，更不能變回人形與黎麗團聚。

但是，黎麗強烈要求他一起去，說自己一定會很小心的保護他。王子最終拗不過黎麗，他們一同帶着孩子出發了。當婚禮的火把點着的時候，她早就事先找好了一個牆壁很厚的客廳讓王子坐在裏面。但不幸的是，誰都沒有看到門上的一條非常細小的裂縫。結婚儀式結束時，隨從的人從禮拜堂回來，拿着火把經過那間客廳時，一道極細微的火光照到王子身上，霎那間王子便不見

了。黎麗進去看他時，只發現一隻鴿子。鴿子對她說：「這下我要在天空飛來飛去，一連飛七個年頭。但是，我會時不時落下一片白羽毛來指示我的去向，你可以跟着它來尋找我的蹤跡。」

他說完這話，便飛到屋外去了。可憐的黎麗連忙追出來。天空時常落下一片白色的羽毛，黎麗便一直跟着走。她就這樣跟着羽毛，頭也不回地一直向前走着，一連走了七個年頭，從來沒有休息過。到了第七年，黎麗開始快活起來了，心想着她的苦難該要結束了。但是，她想得太天真了，她的磨難還遠遠沒有到頭呢！

有一天，她忽然失去了白羽毛的指引，她心裏想道：「普通人是不能幫助

我的。」於是她走到太陽那裏，問道：「太陽公公，你遍照大地、高山、深谷……請問您看見過我的白鴿嗎？」太陽道：「不曾看見。不過我願意給你一個寶匣。等到需要的時候，你可以把它打開。」

黎麗謝過太陽後，繼續向前方走去，一直走到傍晚。當月亮爬上來的時候，她對着月亮喊道：「你整夜照着各處的田野，可曾看見我的白鴿呢？」月亮回答道：「不曾看見，不過我可以給你一隻蛋，你把它打碎後應該可以得到幫助。」

她謝過月亮後，又繼續向前走。一直走到颳北風的時候，她大聲對北風說道：「你吹着大大小小的樹，可曾看見

我的白鴿呢？」北風道：「不曾看見，但我可以替你問問其他三個風，或許它們曾經看見。」於是東風、西風、南風來了，東風和西風都說不曾看見，但是南風說：「我看見那隻白鴿了，牠飛到紅海去了，還變成一頭獅子。牠現在正跟一條龍搏鬥着。這條龍是一位着了魔法的公主，她要把他從你手中搶走。」

北風道：「我有一個主意。你可到紅海去，在右邊的海岸上，插着許多棍棒。你把其中第十一根棍子拔出來，抽打那條龍，獅子便會得勝。同時他們也會在你面前回復原形。這時你可向四面看看，你會看到一隻半獅半鷹、像鳥一樣生着兩翼的神獸，這時你要和你的丈夫趕快跳到牠的背上，牠便能馱了你們

渡過大海，回到你們的家鄉。」北風又接着說道：「我再給你一個堅果，當你們的路程走到一半的時候，把它拋下去，水面上便能生出一棵極高的堅果樹來，讓那半龍半鷹的神獸在這樹上休息。否則，牠便沒有氣力走完你們的路程。如果你忘記把這顆堅果擲下去，牠便要把你們甩下海去。」

營救王子

可憐的黎麗又趕路了。她來到了紅海邊，她所見的，與北風所說的一模一樣。於是她把那第十一根棒拔出來，打在龍身上。那隻與龍搏鬥的獅子率先回復王子的模樣，龍也緊接着變成了一位公主。但黎麗沒想到的是，那公主的魔咒一被解除，她立刻握住王子的手臂，跳到半龍半鷹的神獸背上，那獸便把他倆馱走了。

眼看就要團聚，這下黎麗的希望又落空了。但是，她下定決心道：「只要風還在吹，雄雞還在啼，我就一定要找到王子！」她又馬不停蹄地走了許多路，終於找到了那位公主的城堡。公主已把王子帶到這裏，筵席已經預備好，馬上

就要舉行婚禮了。

「現在，請老天幫助我吧！」黎麗說着，打開太陽給她的那個寶匣，只見裏面裝着一件衣服，閃耀得像太陽一般。於是黎麗穿了這件衣服，進入宮裏，眾人都在注視她，包括公主。公主非常喜歡這件閃耀奪目的衣服，便問黎麗要多少錢才肯出讓。黎麗說道：「我不要金，也不要銀，只要肉與血。」公主問她這是甚麼意思，她說：「今晚你讓我在你們的新房裏與新郎談一會兒，我便把這件衣服送給你。」公主爽快地答應了。但是，她吩咐貼身侍衛把預先準備好的睡藥給王子喝了，好讓王子看不見黎麗，也聽不到她說話。

晚上，王子睡着了，宮女引黎麗到

他的臥室。她便坐到他的腳邊說道：「我跟着你七個年頭了。我曾到太陽、月亮和北風那裏去尋你，後來又幫助你戰勝那條龍，這些事情你都不記得了嗎？」但是，王子睡得很熟，所以，她說話的聲音，好像風吹過樹林上空一般，王子半句也不曾聽見。

於是黎麗被逼離開宮殿，還把那件金衣給了公主。她出了宮門以後，覺得很無助，便走到一片草地上坐着哭了起來。哭着哭着，忽然想起月亮給她的那隻蛋。於是她把蛋打碎，立刻鑽出一隻母雞和十二隻小雞來，都是純金的。小雞們遊戲了一會，便走到母雞的翅膀底下伏着，非常的美麗。她站起來，想趕着牠們走，公主從窗口望見了，非常喜

歡，問她肯不肯出讓。「我不要金，也不要銀，今晚讓我再到你房裏和新郎談一會，我便把牠們通通送給你。」

公主又想用之前的詭計去糊弄她，便答應了。但是王子在他的臥室裏，問管事昨天晚上風為甚麼會嗚嗚地叫。那管事很同情王子，便將怎樣餵藥給他吃，有個女子怎樣來跟他說話，並且今晚還要再來的事情通通告訴他。王子聽完這些話，提醒自己今天切不可再把睡藥喝下去。當黎麗來向他訴說時，他聽出了愛妻的聲音，他跳了起來，說道：「你把我從夢中驚醒了。那位陌生的公主對我施了魔咒，所以我完全記不起你。但是現在，上帝又把你帶到我身邊來了。」

只要付出足夠的努力，失去的東西總有一天可
以失而復得。

他們倆乘着眾人沒有防備，便偷偷走出城堡，騎在半龍半鷹的神獸背上，牠馱着他們飛到紅海上空。當他們渡過一半紅海時，黎麗突然想起北風的話，便將堅果拋到海裏。海面上立刻生出一棵高大的堅果樹來。神獸在樹上歇了一會，便把他們平安地送回家裏。

　　這時，他們的孩子還好好地活着，聰明而又美麗。經過這次風波之後，王子和黎麗特別珍惜他們現在的幸福，之後一直快樂地生活在一起。

糊弄：不認真幹，馬虎了事。

跳舞鞋

公主們的秘密

從前，在一個遙遠的地方，有一個國家。沒有人知道這個國家是怎麼樣的，只知道有位國王曾經掌管着這個國家。他沒有兒子，只有十二位極其美麗的女兒。因為沒有一位細心的王后照料這輩少女，國王常被她們弄得十分煩惱。

平時這些少女分睡在十二張牀上，這些牀都在同一個房間裏，彼此緊挨在一起。每天她們上牀睡覺後，國王總要親自檢查過，並把房門鎖起來。儘管他看管得這樣嚴，可是到了第二天早晨，

她們的鞋總是在一夜之間就破爛了，就像她們整整跳了一夜舞。然而，從來沒有人知道是怎麼一回事，她們究竟在晚上到哪裏去了呢？

國王天天給她們買新鞋，終於買得惱怒起來。他昭告全國，凡能查出十二位公主晚間到甚麼地方去的，可在她們當中隨意挑選一位做妻子，並且將來可以繼承王位。但是，假如應徵的人過了三日三夜仍然查不出實情來，便要處以死刑。

鄰國的王子應徵而來，國王熱情地招待了他，到了晚上，王子就睡在與十二個公主的房間相連的房間裏。他坐在房中仔細傾聽她們去甚麼地方跳舞，為了聽得更仔細，他甚至打開了自己的房

門。但是，不久王子卻因為白天太過勞累而昏昏睡去了。第二天早晨，他一覺起來，就知道那十二個公主都去跳過舞了，因為她們的鞋底滿是些破洞。第二晚、第三晚都這樣過去，王子還是沒有查出她們的去處，於是國王下令把這少年的頭砍掉了。

　　隨後又來了幾個人，但他們的命運都和那位王子一樣，白白地送了命。

老兵應徵

有個老年士兵，在戰爭時受了重傷，不能再打仗，於是退伍回家，經過這個國家。當他走過一個樹林的時候，遇見一個老婦人，她問他要去甚麼地方。士兵回答說：「我不知道應到甚麼地方去，也不知道該做甚麼事情，不過我很想去破解那羣公主究竟到甚麼地方跳舞的謎題。如果成功，我便可以有一個妻子，還有機會做國王，這樣就可以安度我的晚年。」老婦人點頭說道：「是呀，其實這事並不難，只要你留心不要喝下公主給你喝的那杯酒就可以了。當她離開時，你還必須假裝熟睡的樣子。」

這個老婦人又給了他一件袍，說道：「你一披上這件袍，便能隱身了。

這樣你便可以跟蹤她們去到跳舞的地方。」士兵聽後，決定馬上就去碰碰運氣。於是，他來到國王那裏，説要試一試。

他也跟別人一樣受到十分熱情的款待，晚上又被引領到公主們隔壁的一間房裏睡覺。當他正要躺下去休息的時候，大公主走過來給了他一杯酒。但是，這士兵暗地裏把酒潑了，一點也沒有喝。接着，他躺在牀上，一會兒便鼾聲大作，似乎睡得很熟。

公主們聽見他的鼾聲，都大笑起來。大公主説道：「這個人可不也是來白白送死的嗎？」於是她們把衣箱打開，取出美麗的衣服，對着鏡子打扮起來。最後穿上國王新買給她們的新鞋，迫不

及待地想要開始跳舞。最小的一個公主說道：「你們都覺得很快樂，我卻覺得渾身不安，總覺得有甚麼禍事將要發生。」大公主道：「小笨蛋，你總是怕。難道你忘記了之前來的許多王子根本查不出我們的蹤跡嗎？這個士兵進房時，已經是半閉着眼睛的，就算不給他吃安眠藥，他也會熟睡過去。」

當公主們打扮好，便去看那士兵。只見他鼾聲不絕，手腿動也不動，她們都以為那士兵真的熟睡過去，很是放心。她們轉身回去了，士兵輕輕地跟着她們，來到臥房。只見大公主走到自己的牀面前，拍了拍手掌，她的牀立刻沉到地板底下，同時一扇窖門打開了。士兵見她們從窖門走下去，大公主領頭，

其餘依次跟在後面，他知道機不可失，立刻跳起來，把老婦人給他的那件袍子披在身上，也跟在她們後面走下去了。走到扶梯當中，他不留心踩到最小的公主的裙子，她叫道：「不好了，有人抓着我的裙子！」大公主道：「笨蛋！別疑神疑鬼，是牆上的一個釘子把你絆住了！」

揭秘

　　她們走到扶梯下，又在黑暗中走了好一會，後來來到一個門，又經過一個小樹林。那些樹葉全是銀子做的，閃閃發光，非常美麗。士兵想採摘些葉子，便伸手去折下一個小枝。可是，這樹突然發出很大的聲音來。最小的公主說道：「我就知道一定有壞事，你們聽到這聲音嗎？這是從來沒有這樣響過的！」但是，大公主不耐煩地說：「不過是那些王子見我們到來，歡呼的聲音罷了！」

　　她們又經過一個小樹林，這次樹葉全是金子做的。後來又經過一個樹葉全是鑽石的小樹林。士兵各折了一枝，每次都發出很大的響聲，最小的公主每次

聽見了，都嚇得渾身發抖，但那年長的公主總是說那是王子們的歡呼聲。她們一直向前走着，最終來到一個湖，湖邊停泊了十二隻小艇，艇上各有一位英俊的王子，等候着這羣公主到來。

十二位公主各自走進一隻艇內。因為那些艇都很小，士兵不知道該怎麼做。他想道：「無論我上哪一隻艇，都是不受歡迎的，但是我又不能落在他們後面啊！」最後，他選擇進去最小公主的艇裏。當這些艇都划到湖中央的時候，那位與最小公主同艇的王子說道：「不知怎麼回事，今晚我雖然努力地划着艇，但總覺得這艇比平時重，尤其是那一頭。搞得我都筋疲力盡了，這艇還是前進得很慢。」公主說道：「大既是天氣

炎熱吧，我都有些頭腦發暈了。」

到了湖的那一頭，那裏豎立着一座極華美的宮殿，音樂從那裏傳出來。他們都上了岸，進入王宮，每一位王子攜着一位公主跳舞。放在公主們旁邊的酒，士兵都拿來喝了，所以當她們舉杯時，杯子都是空的，其他人不以為然，最小的公主再次受到驚嚇，但是大公主總是阻止她說出她的顧慮。她們一直跳舞，直到第二天凌晨三點鐘。

這時她們的鞋全都跳爛了，只好停下來。王子們順着原路把她們載回去，但這次士兵卻坐在大公主那條小艇上。當然了，那划艇的王子也覺着這晚划得特別費力。艇到了湖的那一邊，他們紛紛上岸告別，並約好了明晚再會。

當她們走到扶梯時，士兵率先快速地回到自己房間，躺下來裝睡。公主們慢慢地走上樓來，聽見兵士在牀上打鼾，說道：「還是睡得像死人一樣。」於是她們脫去美麗的衣服，甩掉了爛鞋，便倒頭大睡。

第二天早晨，士兵沒有急着把夜裏所見到的說出來，因為他還想再多跟她們去見識見識呢。所以，在第二晚和第三晚，他都偷偷地跟着她們一同去了。一切和先前一樣，公主們跳到鞋爛了才戀戀不捨地回家。不過在第三晚回來之前，士兵偷偷藏了一個金杯，作為自己去過那裏的證據。

第四天早晨，士兵帶着三條樹枝和一隻金杯去見國王。十二位公主都躲

世上沒有不透風的牆，做過的事情，隱藏的再好，也有被發現的一天。

在門後，一邊暗暗地笑他受到她們的愚弄，一邊想聽他要說些甚麼。國王問他道：「你調查清楚了嗎？我的十二個女兒晚上去甚麼地方跳舞呢？」士兵回答道：「她們和十二位王子在一個地下宮殿裏跳舞。」接着他把這幾晚的見聞一五一十地告訴國王，並把偷來的三根樹枝和一隻金杯遞給國王。

國王便把十二位公主叫來，問那士兵所說的究竟對不對。公主們見秘密已經洩露，抵賴也無濟於事，便都承認了。國王依照承諾要士兵挑一個自己喜歡的公主做妻子。士兵回答道：「我年紀已經不小了，我想還是娶那位最年長的公主吧！」

士兵和大公主當日就結婚了。之後

不久，國王去世，士兵便繼承了王位。
至於那十一位公主跟那十二位王子後來
的結局怎樣，就不得而知了。

不得而知：指不能夠或沒有辦法知道。

字詞測試站參考答案

字詞測試站 1

1. 水汪汪　　　2. 金燦燦　　　3. 血淋淋

4. 慢騰騰　　　5. 空蕩蕩　　　6. 香噴噴

7. 甜絲絲　　　8. 興沖沖　　　9. 天蒼蒼

10. 惡狠狠　　　11. 綠油油　　　12. 毛絨絨

字詞測試站 2

1. 柔情似水　　2. 恩重如山

3. 膽小如鼠　　4. 大智若愚

5. 如魚得水　　6. 如虎添翼